新疆是个好地方

苍茫戈壁

本书编委会 编

新疆科学技术出版社

图书在版编目（CIP）数据

苍茫戈壁 / 本书编委会编. –– 乌鲁木齐：新疆科
学技术出版社, 2022.7
（新疆是个好地方）
ISBN 978–7–5466–5207–8

Ⅰ.①苍… Ⅱ.①本… Ⅲ.①荒漠 – 介绍 – 新疆
Ⅳ.①P941.73

中国版本图书馆CIP数据核字(2022)第127132号

◥─────────────────

总 策 划：李翠玲
执行策划：唐 辉 孙 瑾
项目执行：顾雅莉
统 筹：白国玲 李 雯
责任编辑：白国玲
责任校对：欧 东
装帧设计：邓伟民

◥─────────────────

出 版：新疆科学技术出版社
地 址：乌鲁木齐市延安路255号
邮政编码：830049
电 话：（0991）2866319（fax）
经 销：新疆新华书店发行有限责任公司
印 刷：上海雅昌艺术印刷有限公司
版 次：2022年8月第1版
印 次：2022年8月第1次印刷
开 本：787毫米×1092毫米 1/16
字 数：152千字
印 张：9.5
定 价：48.00元

编委名单

主　　编：张海峰　沈　桥

撰　　稿：王素芬

特约摄影：晏　先　沈　桥　雅辞文化

摄　　影：（排名不分先后）

赵　磊　李　华　鱼新明　李学仁

马庆中　黄　彬　杨文明　杨予民

夏　铨　韩　峰　金　鑫　李兆山

陈德高　姜泽基　孟志安　李　娟

江洪涛　牙克地儿　刘　明　李靖海

（如有遗漏，请联系参编单位）

参编单位：新疆德威龙文化传播有限公司

新疆雅辞文化发展有限公司

　　"一川碎石大如斗，随风满地石乱走。"唐代边塞诗人岑参的诗句为人们呈现出新疆戈壁的荒凉与暴烈。"戈壁"是指覆盖着粗砂砾石、植物稀少的荒漠地带。新疆的戈壁面积为29.3万平方千米，位居全国之首。

　　谁能想到,早在2亿3000万年前的古生代,整个新疆地区是一片汪洋大海,海平面上只有今天的塔里木盆地和准噶尔盆地两大岛屿,吐鲁番还沉睡在海底。

△ 哈密大海道

沧海变戈壁，是大自然的伟力。戈壁滩上风沙肆虐，人迹罕至。风起时，如猛虎下山，瞬时风力可达13级，天地猝然变黑，人身处其间，如一粒沙尘，瞬间迷失在了时空之中……

　　戈壁滩上有一种独一无二的自然奇观——雅丹地貌。风沙将大小山丘塑造出万千形象，像巨兽，如舰队，似城堡……雅丹地貌成了新疆旅游的一个热点。

▲ 戈壁落日

貌似一无所有的戈壁，其实蕴含着数不尽的宝藏。新疆的戈壁中发掘出大量恐龙化石、树化石（硅化木）。学者们正是依靠这些特殊"文献"，解读新疆大地从汪洋大海到"三山夹两盆"的沧桑巨变。

地表上，那些被风蚀的石头之中，不乏珍宝——金丝玉、蛋白石、风凌石、雅丹石、戈壁彩玉、戈壁玛瑙、戈壁奇石……

在严苛的自然环境下，一些特别的动植物在这里不断进化，顽强地生息繁衍着。

自古以来，荒凉的戈壁留下了无数勇敢者开拓探险的足迹。一次次穿越，让他们找到一个个绿洲，也为古丝绸之路增添了光辉的篇章。

▲ 恐龙沟硅化木

▲ 造型奇特的风蚀岩

戈壁奇石 ▶

🔺 哈密魔鬼城

千百年来，在与戈壁的博弈中，新疆人对它的感情是极为复杂的。作家沈苇讲过三个新疆人在戈壁中的对话。第一个人说："瞧啊，多么丑陋的石头！"第二个人蹲下来，捡起几颗小石子装进口袋后说："对我来说，每一块石头都是珍贵的。戈壁滩上，到处都是家乡。"第三个人看见另外两位，用感叹的口吻说："还是谚语说得好，石头你咬不动它，就去吻它。"

　　新疆的地名很多也与戈壁有关，譬如：东戈壁、西戈壁、北戈壁、下戈壁、党家戈壁、二工河戈壁等等。这些村落的名字，记载的是一部部可歌可泣的西部拓荒创业史。

　　从古至今，一代代的拓荒者把戈壁变成了燃烧激情的热土，他们用汗水浇灌出绿洲，创造了惊天动地的戈壁传奇。

▲ 戈壁变良田

▲ 戈壁变绿洲

CONTENTS
目　录

以戈壁之名

　　罗布泊、大海道、黑戈壁、噶顺戈壁、将军戈壁，这些出现在史书和文人诗句中的地理坐标，如星辰般闪烁在历史的时空之中，讲述着新疆戈壁的传奇故事。

扫一扫带你领略大美新疆

▲ 罗布泊荒漠

苍茫 戈壁

▲「罗布泊」>>————

自古以来，天山南北最为著名的戈壁莫过于罗布泊了。它位于塔里木盆地北部，塔克拉玛干沙漠最东缘，从卫星图片上看，罗布泊的形状宛若人耳，被称为"地球之耳"。

罗布泊源自蒙古语"罗布淖尔"，意为"众水汇入"。如今寸草不生的罗布泊曾经碧波万顷，水草丰美。汉代它被称为泑泽、盐泽、蒲昌海等。

▲ "地球之耳"

罗布泊因水得名，衍生过璀璨的楼兰文明。到了20世纪，塔里木河流量减少，罗布泊周围沙漠化严重，生态环境迅速退化，直至20世纪70年代末完全沦为无水之境，不禁令人唏嘘。

▲ 罗布泊地貌

▲ 罗布泊地貌

▲ 罗布泊地貌

罗布泊是塔里木河和孔雀河的尾闾。自古以来，人们误认为黄河上源为罗布泊的猜测，自2000年前的先秦开始，一直有罗布泊"潜行地下，南出积石，为中国河也"的河源误说。

现当代，罗布泊引起东西方的巨大关注，这与两个人物有关。一个是瑞典人斯文·赫定，他带领探险队三次深入罗布泊地区，发现了楼兰遗址；另一个是我国地质科学家彭加木，他率领科考队在罗布泊地区考察时神秘失踪，至今仍是未解之谜。

▲ 戈壁中鲜活的生命

白龙堆

白龙堆雅丹地貌位于罗布泊北凹周边，为东南向延伸的垄状或丘状地貌，由灰白、灰黄色粉质黏土与灰白色钙芒硝夹石膏构成，远望像一条条在戈壁中游弋的白龙。垄状或丘状地貌的顶部与盐碱滩有一片片的隆起，像是龙的鳞片，故称白龙堆。

白龙堆赫赫有名，在古书中常被提及，并被描绘成鬼怪出没的险恶之地。《汉书·西域传》记载："楼兰国最在东垂，近汉，当白龙堆，乏水草。"古丝绸之路上，进入罗布泊中道，白龙堆是必经之路。白龙堆雅丹被《中国国家地理》评选为"中国三大最美雅丹"之一，因为难以到达，故被誉为"最神秘的雅丹"。

▲ 罗布泊风蚀岩

▲ 白龙堆

▲ 白龙堆

龙城

　　龙城并没有"龙"，只因这里的雅丹皆为南北走向，远观仿若游龙，故得名。它位于罗布泊北岸，东西长达160千米，呈陡峭的垄状。

　　这里的雅丹高耸峻拔，置身其中，仿佛穿行在中世纪古城堡间，空寂的古堡后似乎埋伏着万马千军。登上高地眺望远方，一望无垠，地老天荒，只有荒凉的盐碱地在天边泛着白光。

▲ 龙城

▲ 龙城雅丹

▲ 龙城雅丹

▲ 龙城雅丹

▲ 龙城雅丹

三垄沙 ⊘

　　三垄沙雅丹位于东湖东岸北山与玉门之间及阿其克故地东部。"三垄沙"之名因沙山而来，著名的百里风区的狂风在此回旋落下，日积月累形成沙山。"三"代表多，"垄"则形象地描述了沙丘为带状分布。

　　这里的雅丹群相对高度仅10米左右，切割较为破碎，呈小丘状孤立分布。那奇特的造型引人遐想，似骆驼、骏马、佛像、鸟儿……千姿百态，惟妙惟肖。三垄沙雅丹亦入选"中国三大最美雅丹"，并获得"最壮观的雅丹"称号。

◎ 三垄沙雅丹

▲ 楼兰古城遗迹

▲ 古楼兰遗址

楼兰古城 ⊘

　　"楼兰"一名，最早见于《史记》，是古丝绸之路上赫赫有名的一处所在，地处巴音郭楞蒙古自治州若羌县，位于罗布泊的西北角、孔雀河南岸。

　　楼兰曾是西域中最东边的一个地方政权，居古丝绸之路咽喉位置，战略地位十分重要，汉朝曾派军在此屯田。楼兰牧业比较发达，城里还有相当规模的商业设施，曾繁盛一时。楼兰前后存在了约800年后，谜一般地消失了。

　　最早发现楼兰古城的是瑞典探险家斯文·赫定。1900年，斯文·赫定让助手寻找遗失的铁锹时，助手顺便拣回了几件木雕残片，赫定见到残片异常激动，决定发掘那片废墟，于是发现了震惊世界的楼兰古城。古城近乎正方形，边长在330米左右。古城遗址出土了大量文书、简牍，这些文物被称作"罗布文书"。

△ 古楼兰遗址

▲ 小河文物展

🚏 小河墓地 ⊘

　　1934年夏天，瑞典考古学家贝格曼考察罗布泊地区时，在罗布人奥尔德克的引领下抵达了"有一千口棺材"的古墓葬，这便是小河墓地。这里位于孔雀河下游河谷南约60千米的沙漠中部，东距楼兰古城175千米。

　　小河墓地整体由数层上下叠压的墓葬及其他遗存构成，外观为在沙丘比较平缓的沙漠中突兀而起的一个椭圆形沙山。2003年，新疆考古学家在这里发掘出一具女性干尸，干尸虽历经几千年依然保存完好，面部笑容清晰可见，被命名为"小河公主"。

　　至今，小河墓地仍是世界考古学界公认的千古之谜。

▲ 小河文物展

全国十大考古发现——小河墓地

　　小河墓地位于罗布泊西南荒漠中，地处孔雀河南部支流小河。整个墓地可分为南、北两个墓区，外观为一个椭圆形沙山。

　　2002年底至2005年3月新疆文物考古研究所对小河墓地进行调查发掘，共计发掘墓葬167座，出土￼文物数以千计。小河墓地文化面貌独￼￼涵丰富，为国内外罕见，被命名为￼￼￼荣获 2004年度"全国十大考￼

▲ 小河文物展

△「三个戈壁」>>

△ 遍布青黑色砾石的黑戈壁

黑戈壁 ⊙

　　"黑戈壁"不是正规地名，由于地表遍布青黑色砾石而得名，行走其间宛若进入了一个巨大的露天煤矿。黑戈壁曾是我国西北最大的无人定居区，自古丝路行旅将其视为畏途，可它又是必经之路。

　　19世纪至20世纪初，黑戈壁这个名字频频出现在探险家、经行者笔下。

噶顺戈壁

噶顺戈壁北邻吐哈盆地，南接罗布泊洼地和疏勒河下游谷地，是吐鲁番盆地东南部、南部交通线必经之地。这里遍布砾石、碎石和流沙，是我国石质戈壁（石漠）分布最广的区域。

因空旷无垠，噶顺戈壁自起唐代就被称为"大沙海""大海道"，民间亦有称"大海里"或"柳中路"，经由吐鲁番盆地东南部去往敦煌需要横穿噶顺戈壁。

▼ 噶顺戈壁

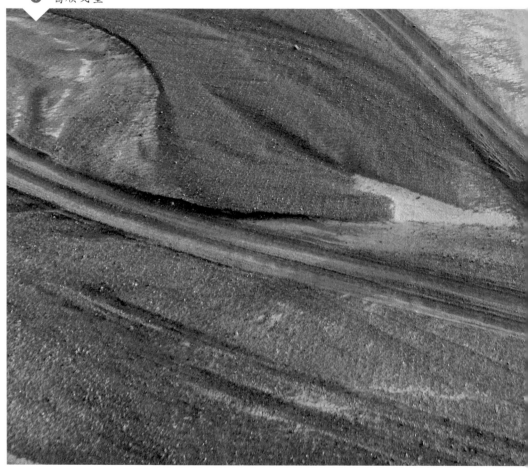

戈壁砾石

　　噶顺戈壁可以算是世界上大陆性气候特征最鲜明的地区之一，年降水量不超过30毫米，地表水和地下水都很缺乏，到处呈现出干旱荒漠的景象。封闭盆地里的一些向心式的干涸河床，只有在暴雨之后才汇集一些暂时性的水流。

▲ 库木塔格沙漠

　　这里终年盛行东北风，风蚀地区分布较为广泛，在山谷里往往堆有薄层流沙，甚至形成较大流沙丘（例如库木塔格沙漠）。

△ 风蚀岩

噶顺戈壁腹地，许多沟谷两侧崖壁被风吹蚀得千疮百孔，看来风季"人如柳絮车如纸"的说法绝无虚妄，这里就是人们传说的"风灾鬼难之国"。

　　噶顺戈壁的范围很大，分作几个地貌小区，即库鲁克塔格、焉耆盆地、库米什山间盆地、克孜勒塔格、觉罗塔格残余基地台原、噶顺戈壁本部和北山山地。与大海道相关的只有库鲁克塔格、觉罗塔格残余基地台原和噶顺戈壁本部。

▼ 噶顺戈壁航拍

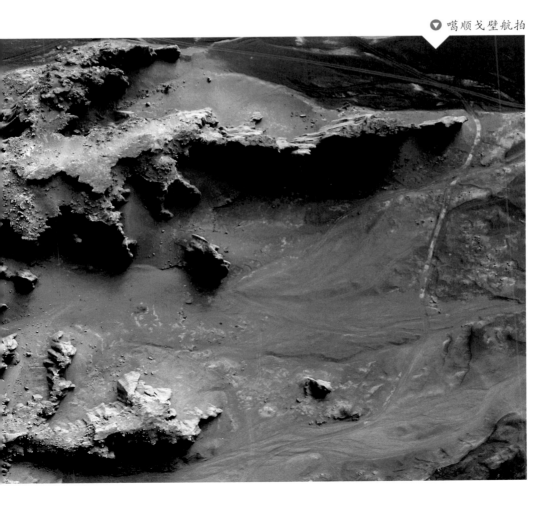

▲ 南湖戈壁

▲ 南湖戈壁

南湖戈壁

　　大海道的一段现称"南湖戈壁"，位于东天山北段，横跨吐鲁番盆地和哈密盆地，干旱、多风、少雨，属典型大陆性气候。南湖戈壁西与鄯善交界，向南延伸到库鲁克塔格山脉，向东延伸至哈密盆地。

🔺 南湖戈壁

▲ 南湖戈壁

▲ 層狀砂岩

茫

戈壁

南湖戈壁内的大型雅丹群，囊括了雅丹地貌的不同发展形态，因而这里被称为世界级的雅丹博物馆。在这里，可以看到衰亡阶段的上大下小的蘑菇状土丘，中年阶段的上小下大的各种造型，还有初级阶段的沟槽，并且雅丹地貌的变化过程仍在继续。有些雅丹群下是漫漫沙海，有的则同风蚀的层状砂岩、片岩共存。近年来，有多部影视剧在这里取景，让这片荒凉奇伟的戈壁吸引着越来越多的探险爱好者。

△ 南湖戈壁

▲ 南湖戈壁雅丹

▲ 南湖戈壁自驾游

▲ 风蚀奇景组图

百里风区

百里风区，明代称"黑风川"，清代称"风戈壁"，位于从鄯善红旗坎至哈密了墩之间约100千米的区间，全年大风天在100天以上，俗称百里风区。

这段区域是吐鲁番盆地东、西两面沟通外界的重要通道，风害对交通影响较大。《新疆舆图风土考》卷四对百里风区有这样的记载："凡风起皆自东北来，先有声如地震，瞬息风至，屋顶多被掀去，卵大石子飞舞满空，千金之重载车辆一经吹倒，则所载之物零星吹散，车亦飞去，独行之人有吹去数百里之外者……其风春夏最多，秋冬绝少，山上沙石为怪风至簸扬，皆散漫成堆，突兀怪恶不复成山形。"

2007年，13级大风还在此地吹翻了火车，造成兰新铁路新疆段临时中断。如今百里风区建成了风力发电站，200台风力发电机呈方阵迎风而立。

▲ 百里风区

▲ 戈壁航拍

▲ 茫茫戈壁

▲ 风力发电站

鄯善雅丹

▲ 迪坎尔村嬉戏的儿童

迪坎尔 ✺

迪坎尔村曾是通往罗布泊、楼兰古城以及古丝绸之路"大海道"的必经之地。它西面七八千米处的古代城堡——大阿萨，则是守卫这片绿洲和古代吐鲁番东南门户的军事重镇。正因为如此，迪坎尔成为"大海道"通往敦煌的首途大站。

迪坎尔东部临近库木塔格沙漠，东南临近噶顺沙漠，亦是通往罗布泊的最后一个村庄。

因整个迪坎尔村庄的海拔为零，又被称为"零村庄"。村中地下水资源较为丰富，十余条坎儿井中有一处为温泉，系整个吐鲁番地区唯一的温泉坎儿井。前些年，有人往温泉里投入了一些鱼苗，竟使得沙漠边缘的坎儿井变成了小鱼温泉。

▲ 迪坎尔村的星空

将军戈壁 >>

　　新疆被冠以"戈壁"的地名中，将军戈壁是个独特的存在，名声也最为显赫。它位于奇台县城东北86.5千米处，是准噶尔盆地东部平坦广阔的大戈壁。地表多砾石，亦有稀疏耐旱植物。奇台至富蕴的公路穿过戈壁东部。

　　将军戈壁可能得名于当地的一座庙宇。此庙系为纪念一位战死沙场的将军而建。这种说法自清朝开始出现，当时新疆各地都有将军庙（或称老爷庙），所谓"将军庙"实际上是关帝庙，清朝关羽崇拜遍布西北。这个庙宇所在地应该是一个高规格的驿站，至于"将军"具体所指，一直众说纷纭。

▽ 将军戈壁

▲ 将军戈壁

奇台魔鬼城组图

▲ 奇台魔鬼城

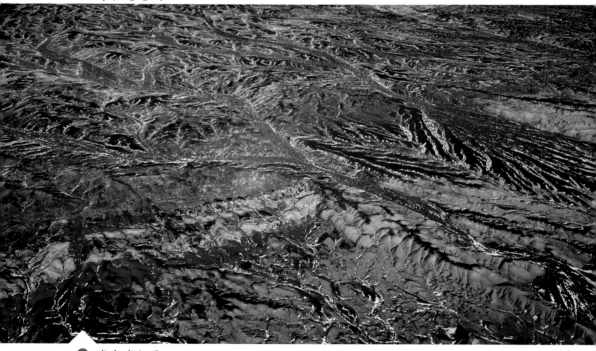

▲ 魔鬼城初雪

"四大奇迹"

　　将军戈壁是一个充满神奇魅力的地方，它独特的地理环境孕育了绮丽的自然景观：火烧山如烈焰腾空，红柳林如红毡铺地，梭梭林苍翠如玉，海市蜃楼如梦似幻，都是令人叹为观止的沙漠奇景。

　　魔鬼城、硅化木群、恐龙沟和石钱滩，并称为将军戈壁"四大奇迹"。

　　1987年，在将军庙附近出土了一具恐龙化石，据发掘现场的中国科学院古脊椎动物研究所专家推测，化石属食草性的蜥脚类龙，生活在距今1.4亿年前的中生代侏罗纪。它身长约30米，高约10米，重约50吨，是目前世界上已发现的最大的恐龙之一。专家推测，距今1.8亿年至7000万年前，这一带曾是气候潮热、森林茂密、水草丰盛的湖区。

　　学者杨镰认为，将军戈壁的存在，使奇台县与昌吉回族自治州的时空拓展到了"天地玄黄，宇宙洪荒"的远古时期。

　　▲ 戈壁中的海市蜃楼

▲ 奇台魔鬼城

▲ 造型奇特的风蚀岩

▲ "青春飞扬"

石钱滩

薄薄的石片，圆圆的外轮，中间有圆孔或方孔，戈壁上撒满了这样的"石钱"！

当地人口中的石钱滩，就隐藏在将军戈壁最僻静的地方，位于双子井东南5千米处。那里散落着大量距今3亿年前石炭纪的古生物化石，经地质专家鉴定，化石多达200多种，包括各类珊瑚、腕足类、腹足类、头足类、三叶虫类、苔藓虫类等。

这些化石之中，数量最多的是海百合。由于它的茎环酷似古钱币，这一区域因此得名。地质专家及勘探人员在此地还采集到了珍贵的单细胞生物化石。这些化石证实了将军戈壁一带海相中有石炭纪地层的存在，戈壁地下埋藏着丰富的可开发的资源宝藏。

◣ 「那些名叫 "戈壁" 的村落」 ≫ ———

　　新疆戈壁滩众多，旷野之地名曰"某某戈壁"不稀奇，但新疆有不少村落也以戈壁命名，这些地名投射出的，是一段段可歌可泣的垦荒史。

　　史料较多记载了我国汉、唐、清三个朝代在西域进行屯垦戍边的历史。特别是清朝统一新疆后，清廷依据当时的形势，倾注力量大范围屯田，平整戈壁，引水开渠。屯田不仅保证了军需供给，强兵足食，巩固边防，还改变了农牧业的比重，推动了生产发展，繁荣了经济。屯田使得当地百姓安居乐业，对维护祖国统一发挥了重要作用。

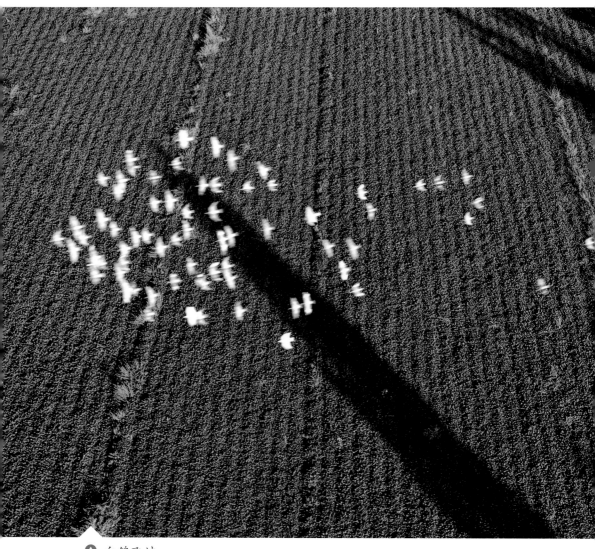

▲ 白鸽飞过

新疆和平解放后，进疆的全体解放军响应毛主席"铸剑为犁"的号召，1952年有17.5万名官兵就地转业，他们立志把万古荒原变成一片片绿洲，肩负起了屯垦戍边的使命。当时战士中传唱着一首劳动歌："八人拉犁气死牛，芨芨搓绳不发愁。不怕苦，不畏难，戈壁滩上盖花园。"

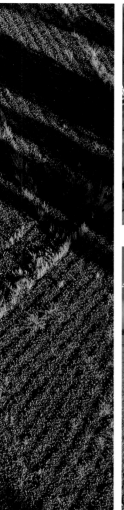

▲ 古村遗址

▲ 天山脚下的农田

　　70年过去了，如今的新疆生产建设兵团拥有土地面积7.06万平方千米，254万人口，14个生产建设师、186个团场，1500多家工交建商企业，成为新疆经济发展、民族团结、社会稳定、边防巩固的一支无可替代的重要力量。

△ 春天的田野

▲ 大地"琴键"

▲ 棉海作业

▲ 节水灌溉

▲ 辣椒丰收

▲ 万亩农田

在北疆，带有"戈壁"的地名俯拾皆是。乌鲁木齐城北安宁渠有个村子叫西戈壁，在石河子、塔城地区、昌吉回族自治州，许多村落以"东戈壁""西戈壁""北戈壁""南戈壁""下戈壁"命名。从吉木萨尔县老台乡的二工河戈壁村这个地名，可以解读出，这是一处倚河而开垦的戈壁。奇台县还有孔家戈壁、党家戈壁、李家戈壁、西李家戈壁，皆因当地原为戈壁滩，后来以开垦人的姓冠名而来。

几代兵团人，驻守在祖国西北最艰苦的地方，用双手将万顷戈壁变为良田，而曾经荒凉的戈壁滩，如今已成为拓荒者的美丽家园。

● 戈壁变良田

"春之色彩"

▲ 哈密小堡新村

▲ 斑斓大地

戈壁中的雅丹

　　"雅丹"一词的来由有多种说法，一说是维吾尔语"雅尔当"的音译，意为"风化的土堆群""陡立的小山丘"。19世纪末20世纪初，瑞典人斯文·赫定和英国人斯坦因在罗布泊西北部的楼兰附近发现了这种奇特的地貌，也就是后来的白龙堆雅丹。当时，他们均为首次见到这种地貌，于是便按照维吾尔语的叫法，将这一地貌命名为"雅丹"。

　　形成雅丹的两个关键因素，一是有发育这种地貌的地质基础；二是受外力侵蚀，主要是荒漠中强大的定向风吹蚀，偶尔也有流水的侵蚀。

　　雅丹地貌因造型千变万化，有的如巨兽，有的似舰队，还有的如废弃的城堡。它们地处戈壁深处，那里时常是长风横扫，尤其到了夜晚，大风会发出诡异的呼啸之音，经过此地的人无不胆战心惊，各种传说也不胫而走。久而久之，雅丹群又被称为"魔鬼城"，更平添了几分神秘色彩。

扫一扫带你领略大美新疆

△ 乌尔禾雅丹

乌尔禾魔鬼城 >>

　　新疆著名的雅丹，排在首位的自然是乌尔禾魔鬼城，它成名也最早，被《中国国家地理》评为"中国三大最美雅丹"之首，亦被誉为最瑰丽斑斓的雅丹地貌。

　　乌尔禾魔鬼城位于准噶尔盆地西北边缘的佳木河下游乌尔禾矿区，西南距克拉玛依市100千米。这片色彩斑斓的雅丹群，造型千奇百怪。

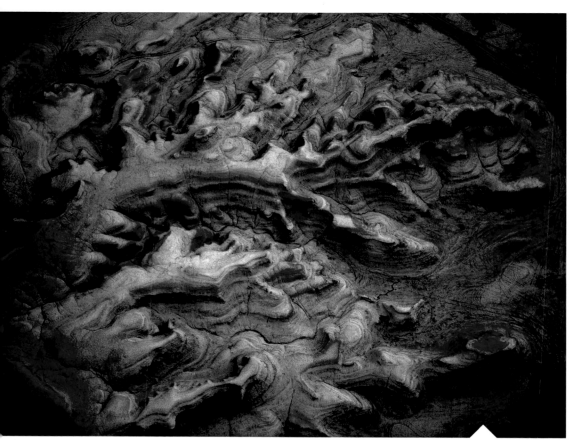

▲ 魔鬼城航拍

▲ 乌尔禾魔鬼城

▲ 七彩魔鬼城

▲ "鬼斧神工"

"城堡"

    乌尔禾魔鬼城呈西北、东西走向，面积约10平方千米。据考察，在1亿多年前的白垩纪时期，这里是一个巨大的淡水湖泊，湖岸生长着茂盛的植物，水中栖息着乌尔禾剑龙、蛇颈龙、准噶尔翼龙和其他远古动物。后来经过两次大的地壳变动，湖泊变成了间夹着砂岩和泥板岩的陆地瀚海，地质学上称它为"戈壁台地"。

🔺 夕阳下的魔鬼城

🔺 "剪影"

▲ 魔鬼城冬景

▲ 艾里克湖打鱼人

▲ "诗意井场"

百里油田 🧭

　　置身乌尔禾魔鬼城，错落的雅丹奇观之间，不时能见到钢筋铁骨的高大井架，以及大片大片上下起伏的采油机——"磕头机"。亘古荒原与现代工业构成了一幅独特的美妙图景。

　　这里搭建了百里油田观景台，游人可从高处眺望整个百里油田，景象壮观。

"晨曲"

"脉络"

    克拉玛依作为我国著名的石油城市，为西部开发建设做出了卓越贡献。自然风光与石油工业旅游相映生辉，成为油城最大的旅游特色，值得一游的景点有黑油山、克一号井、大油泡等。

▲ 黑油山雕塑

黑油山

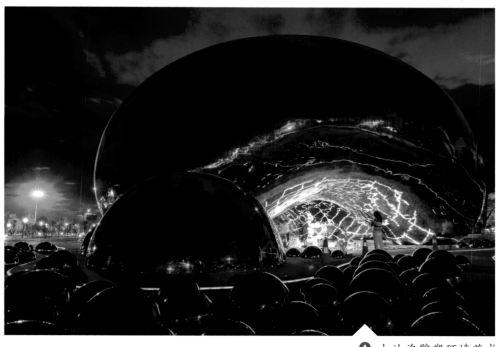

大油泡雕塑环境艺术

苍
茫
戈
壁

戈壁寻宝

倘若你是在夕阳西下时造访乌尔禾魔鬼城，会惊喜地发现这里遍地是闪光的彩色"宝石"。拾起细观，这些石头色泽温润、形态各异，现在被称为"金丝玉"。金丝玉有黄、红、灰、白多种颜色，上等成色者被称为"宝石光"。因其色彩斑斓，在新疆的玉石爱好者中便有了"南有和田玉，北有金丝玉"的说法。

除了金丝玉，这里还有泥石、雅丹石、画面石等奇石。在乌尔禾，除了可以逛逛琳琅满目的奇石店，每周还有玉石集市，既可以去淘宝，也可以石会友，不亦乐乎。

▲ 戈壁石头

▲ 戈壁拣石

▲ 金丝玉

哈密魔鬼城

在哈密市五堡镇境内，有一处壮观的雅丹，近些年备受摄影发烧友推崇。2020年3月18日，这里正式被命名为"哈密翼龙—雅丹国家地质公园"。

较之乌尔禾魔鬼城，哈密魔鬼城的规模更大，地貌类型更全，不仅有各种造型的雅丹，如：狮身人面像、金陵石虎、古城堡、神女峰等，还有天门洞、彩石滩、红柳滩、石菇滩，以及原始胡杨林等景观。

🔺 宛如城堡的哈密魔鬼城

🔺 造型各异的雅丹组图

▲ 破碎的小丘

▲ 沙海礁石

▲ 奇特造型

　　走进哈密翼龙—雅丹国家地质公园，就仿佛走进了一座迷宫。在宽约40千米、长约50千米黛青色的戈壁上，可供游览的有"六滩十六景一古城"。一座座"宫殿"、一处处陡壁悬崖或独处或连成一片，在蓝天白云的辉映下雄伟壮丽！这里还有混迹岩砾中五光十色的玛瑙，随处可见的硅化木，枝叶清晰的植物化石，偶尔还可拣到恐龙蛋化石、鸟类化石，让你收获意外的惊喜。

◀ 魔鬼城奇景

魔鬼城奇景

魔鬼城奇景

"破城子"——艾斯克霞尔遗址

与众不同的是，哈密魔鬼城内有一座古城遗迹——艾斯克霞尔遗址。"艾斯克霞尔"系维吾尔语"破旧的古城"之意，即"破城子"。

艾斯克霞尔古城堡处于一片雅丹地貌的陡壁土岩丘中，背倚雅丹而建，远处望去，城堡和雅丹浑然一体。城堡坐南朝北，为上下两层土坯建筑，残高6~8米，建在离地面5米多的雅丹山丘的中上部。这是清代维修过的防御性设施，主要有两个城堡，上置瞭望孔。这里有多处古墓葬及干尸，砾石地面上撒满了陶片。

夏季，这里环境极为干热，古河床中滴水不见。但据推测，古城堡自青铜器时代至汉唐明清都在使用，系古丝绸之路上的一处重要驿站。而驻守的将士是如何解决饮水问题的，现在仍是个谜团。该遗址已被列为自治区级文物保护单位。

🔺 艾斯克霞尔遗址

▲ 日出

▲ 日落

"漂浮的城堡"

 「福海海上魔鬼城」 >> ─

　　福海人称吉力湖为"小海子"，因而将这里的雅丹地
貌群称为"海上魔鬼城"。福海海上魔鬼城里既有海滨风
光，又有峡谷神韵，是罕见的雅丹奇景。

　　从福海县城驱车14千米便可来到吉力湖。这一处雅丹
群位于乌伦古湖入海口，俗称东河口。雅丹群呈南北走
向，绵延数千米，坡体呈斗圆形，环绕着小海子吉力湖，
须乘船前往。

▲ "穿越"

▲ 乌伦古湖入湖口

乌伦古湖中鱼类资源丰富，因而成了鸟类的天堂。在魔鬼城的悬崖峭壁上有着数不清的鸟巢，每逢春、夏、秋三季，这里海鸥、野鸭、白鹭群起群飞，场面壮观；美丽的白天鹅、长身玉立的仙鹤也成了这里的常客。

傍晚前去观赏，湖光山色，万鸟归巢，蔚为壮观。

雅丹与河流相伴 ▶

葵花盛开

苍茫

戈壁

104/105

▲ "华丽宫殿"

苍茫
戈壁

▲ 大地油画——五彩湾

▲ 「五彩湾雅丹」 >>

　　五彩湾雅丹位于昌吉回族自治州吉木萨尔县城北，地处卡拉麦里自然保护区内，紧邻216国道，是通往喀纳斯景区的黄金线路及重要的游客集散地。

　　这里的雅丹正如其名，以色彩斑斓著称，尤其是在雨后，五彩湾犹若戈壁荒漠中的一个五彩缤纷的世界，怪异、神秘、壮美，堪称大自然的杰作。最佳游览时间是黄昏，登高远望，整个五彩湾好像被落日点燃，浑圆的彩丘如火如炽，散发着神奇魔力。

🔺 卡拉麦里自然保护区的普氏野马

🔺 卡拉麦里自然保护区的普氏原羚

🔺 五彩湾冬景

▲ 五彩湾冬景

　　沧海桑田，由于地壳的运动，五彩湾蕴藏着极厚的煤层，而覆盖地表的沙石被风雨剥蚀，使煤层暴露，在雷电和阳光的作用下燃烧殆尽，形成光怪陆离的自然景观。这里的雅丹主要基调为褐红色，红黄绿、白蓝黑掺杂其中。这里是离乌鲁木齐最近的雅丹奇观，堪称是摄影爱好者的天堂。

△ 五彩湾温泉

 ## 五彩湾温泉 🖋

　　在五彩湾拍完日落，再去泡个温泉，这样安排的行程堪称完美。尤其是冬天，零下二三十度时，跃入水汽氤氲的露天温泉，可以称得上是一种极致的体验。

　　五彩湾温泉，亦被称为"古海温泉"。几亿年前，这里曾是一片汪洋，经过几次地质运动，海洋变为湖泊，湖泊变为沼泽。此处的温泉就是由古海沉积水孕育而生的。

　　过去，附近的牧民由于天气寒冷便经常在这里浸泡脚和腿，说来也奇，那些有老寒腿的牧民，关节炎和痛风等疾病竟然奇迹般地痊愈了。于是一传十、十传百，慕名而来的人越来越多。

五彩滩雅丹 >>

五彩滩雅丹位于阿勒泰地区布尔津县县城以西24千米处。新疆的雅丹一般周边荒寂干涸，而五彩滩雅丹与河流相伴，与众不同，成为它的一大亮点。

这里的雅丹毗邻碧波荡漾的额尔齐斯河，与对岸葱郁青翠的河谷风光遥相辉映，呈现出艳红、土黄、灰绿、紫黑、铜棕、湛蓝、暗红、碱白等五彩斑斓的色彩，像是大自然的画笔在肆意挥洒，迷离而梦幻。

游人亦喜欢在此拍日落，沐浴着金色余晖，将额尔齐斯河、吊桥与雅丹群悉数收入镜头之中。

▲ 夕阳下的五彩滩

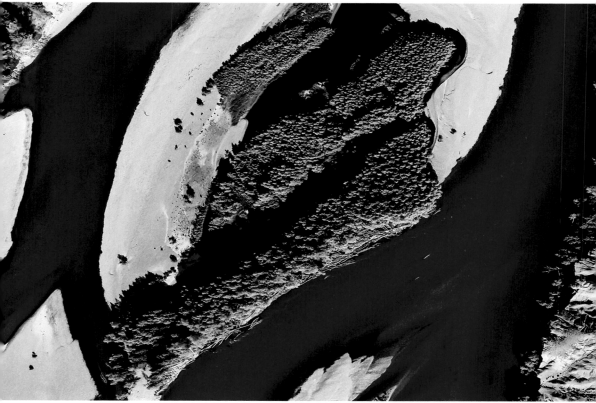

▲ 五彩滩全景

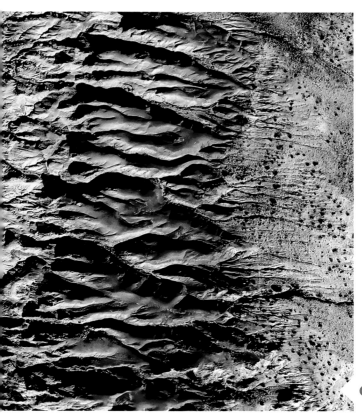

◀ 五彩滩航拍

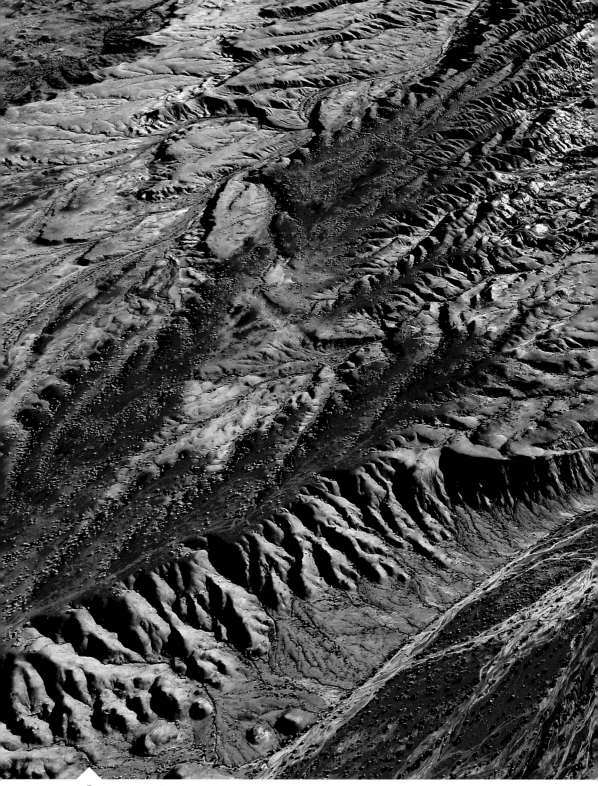

五彩滩航拍

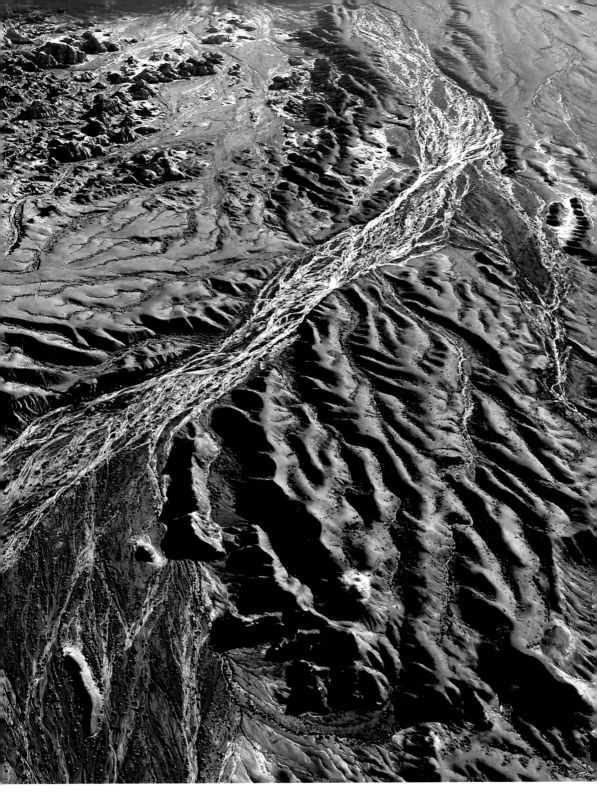

▲ "一分为二"

▲ 「克尔碱雅丹」 >>

　　距托克逊县城28千米左右的克尔碱雅丹并不高大，也不以色彩、外形见长，而且占地面积也较小。克尔碱雅丹的平均海拔约400米，整个雅丹地貌沿西北—东南方向分布，长5千米左右，宽300~500米。

▲ 克尔碱雅丹

▲ 奇形怪状的风蚀岩

　　虽然如此,克尔碱雅丹却依然在新疆的雅丹地貌中占据了一席之地。除了其交通颇为便利这一因素外,克尔碱雅丹分布极为密集,一眼望去,犹如凝固的海洋、静止的波涛,浩瀚而苍茫,令人震撼,非常适合人像、风光摄影。

◀ 河谷水道纵横

克尔碱岩画 ⊙

克尔碱岩画，目前已查明的有21幅，总面积28平方米。因受日晒风蚀影响，清晰的岩画只在背阴避风的山崖可见。克尔碱岩画中，多次出现豹子、绵羊、大角羊和骆驼，也有少量马和鹿的形象，从中对古代先民的生活状况得窥一斑。遗址已被列为自治区级文物保护单位。

水系图 ⊙

在克尔碱岩画西面路边山崖上，有一幅神奇的水系图岩画。上面刻着克尔碱地区的水资源分布图，可以辨认出38条大小河流，还标明了河流与泉眼。据说通过与卫星影像比对，水系图所描绘的水资源分布与今日的克尔碱水资源分布大致相同。这是迄今为止世界上发现的唯一关于水系的岩画，其中蕴含着许多未解之谜，等待着人们去探索。

▲ 库车大峡谷

▲「天山神秘大峡谷」>>———————————

　　位于库车县的这一处雅丹峡谷的正式名称为"天山神秘大峡谷"。但为了区别于乌鲁木齐南山的天山大峡谷，人们更喜欢称其"**库车大峡谷**"。

　　大峡谷近似弧形，呈南北走向，由主谷和7条支谷组成，全长5000多米，谷底最宽处53米，最窄处0.4米，仅容一人低头侧身通过。峡谷区域平均海拔1600米，最高山峰2048米。组成峡谷的奇峰群由赭色的泥质砂岩构成，当地维吾尔语叫它"克孜利亚"，即红色的山崖。

▲ 高大的山体群

▲ 库车大峡谷冬景

▲ "布达拉宫"

　　庞大的红色山体群形成于距今1.4亿年前的白垩纪，经亿万年的风剥雨蚀，洪流冲刷，形成纵横交错、层叠有序的垄脊与沟槽。谷内奇峰嶙峋，可谓步步有景，远观有的状若布达拉宫，飞阁流丹；近瞧有的似人若物，惟妙惟肖。大自然的鬼斧神工令人惊叹！日落时分，晚霞映天，整个山体如火似焰，尤以谷口处的三座山体最为壮观。

　　若在冬季前往游览，可以自玉女泉等处观赏到冰瀑奇观，与红色山体相映成趣，异常美丽。

▲ 奇峰林立

▲ 石林

▲ 阿艾石窟壁画

阿艾石窟 ◎

　　1994年，在距大峡谷入谷口1400米的一处35米高的崖壁上，一位牧羊人发现了一个孤存的石窟，因当地为阿艾乡辖属，故命名为"阿艾石窟"。

　　这是一处建于盛唐时期的千佛洞遗址，崖壁内绘有极其精美的佛教壁画，而且保存相当完好。专家认为，就文字记载和绘画艺术价值而言，阿艾石窟在新疆已发现的300多座佛教石窟中，绝无仅有。

戈壁中的宝藏

　　除了令人惊异的地貌奇观，戈壁还蕴藏着无数宝藏。天山北坡的戈壁，地势开阔平坦，以动植物化石的出产地著称。从1928年开始，这个戈壁地带就因为发现了脊椎动物化石而震惊世界。20世纪80年代，将军戈壁的硅化木"森林"使世人叹为观止。2006年，中国地质学家又在将军戈壁发掘出了恐龙化石。2008年，在鄯善县又有一条恐龙谷被发现、发掘。

　　就是戈壁上那些风沙中的石头里也藏着"奇珍异宝"，玛瑙、彩玉、金丝玉、风凌石、蛋白石、雅丹石……

　　可以毫不夸张地说，戈壁是一本大自然的奇书。正如学者杨镰所言："每一个探索者走进天山北坡的戈壁，都能感受到历史的脉冲：戈壁并非一览无余，不仅地下蕴藏着丰富的宝藏，戈壁本身也书写着地球生命生生不息的世系。"

鄯善恐龙谷

这片位于鄯善县东南方向的雅丹地貌群，之所以被称为恐龙谷，是因为专家们近年来在这片戈壁中，相继发现了"恐龙足迹化石""鄯善新疆巨龙化石"和"龟化石"等。

这里的恐龙足迹化石非常多，都遗留在不高的丘陵上。在被称为"化石墙"的丘陵上，人们可以清晰地看到恐龙的脚趾利爪等印记。据专家介绍，这些足迹至少来自两种恐龙，它们生活在距今1.6亿年前的侏罗纪中期。

在恐龙谷，还发现了恐龙蛋化石、龟化石和龟蛋化石，其中恐龙蛋化石形态多样，有圆形、椭圆形、扁圆形、橄榄形，甚至还有像玉米棒子的形状。恐龙蛋在蛋窝中，有的围成圆圈，呈放射状排列；有的上下重叠两层或三层；还有的则前后镶嵌排列。

🔺 龟化石

🔺 鱼化石

▲ 恐龙沟科考

▲ 鄯善恐龙沟

戈壁奇石

对于每一个新疆玉石玩家来说，戈壁是他们心中的宝地。玛瑙、泥石、化石、金丝玉、戈壁彩玉、风凌石、蛋白石、雅丹石、硅化木……数起戈壁上"盛产"的石头，两只手的手指也不够用。在新疆，哪个"石痴"没去戈壁滩捡过石头！

在极端干旱的地理环境下，戈壁上的各种石头历经风蚀雨打沙雕，最终变得质地细腻、坚硬耐磨，或以造型奇特取胜，或凭花纹的变幻多样而受青睐。

女士们最爱的是戈壁玛瑙，其质地坚硬，色如霞光，润似水晶，自带天然纹理，有的似杏脯，还有的如葡萄干，颜色有黑白的、生皮的、彩皮的、竹叶的，串成饰物有一种独特天然的美丽。巴楚的黑山、伊吾的淖毛湖，所产戈壁玛瑙都颇为有名。

戈壁奇石

戈壁玉

▲ 打磨奇石的匠人

　　新疆多处戈壁还产彩玉，如乌尔禾、鄯善等地，其中鄯善彩玉有着独特的美感。鄯善彩玉也叫吐鲁番彩玉，是2005年才被发现并命名的玉石。其石体莹澈润滑，石表油润光泽，色彩丰富，硬度高于和田玉、寿山石、黄龙玉，色彩密度也高于寿山石、黄龙玉等，近年来备受奇石界推崇。

　　在火洲吐鲁番的戈壁上，还盛产风凌石。顾名思义，风凌石就是经风沙吹蚀、磨砺过的石头。其造型多样、色彩斑斓，大多数为硅质岩石，少部分为玄武岩。以两块风凌石互相敲击，可以发出清脆的金属之音。

　　硅化木主要分布在南湖、沙尔湖、淖毛湖，其中南湖的硅化木最好，沙尔湖的硅化木枝杈最多。

▲ 戈壁奇石

　　位于乌鲁木齐市的新疆地质矿产博物馆收藏有多达1.2万多件的矿物、岩石、矿石、动植物化石样本，可前往一观。

▲ 戈壁奇石

▲ 戈壁中的动植物 ≫ ────────

　　戈壁多风沙，干旱少雨，昼夜温差大，却远非人们想象的那般荒寂无趣。置身其中，你会发现有许许多多的动植物，它们早已适应了严酷的自然环境，生活得怡然自得。

▲ 甘家湖梭梭林国家级自然保护区

　　梭梭、红柳、沙拐枣、骆驼刺、风滚草、肉苁蓉、刺山柑、锦鸡儿、刺旋花……
这些荒漠干旱植物，在长期的自然选择进程中，植株以各种不同的生理机制或形态结
构适应了干旱环境。

▲ 梭梭花

在一马平川的戈壁中，梭梭的身影显得尤为伟岸，它根系发达，一株梭梭能固定一大片砂石地，形成一座圆丘。梭梭的密度大，能沉到水里去，一段燃烧的梭梭散发的热量相当于同等质量的煤炭。因此，梭梭堪称沙漠中"活着的燃煤"。无论是黑梭梭还是白梭梭，一年中都要休眠两次，在夏天和秋天一直在沉睡。它们有自己的花期，但短暂如昙花一现。鉴于梭梭对于保持荒漠水土的重要性，政府在准噶尔盆地西南部建立了甘家湖梭梭林国家级自然保护区。

 独一味

粗跟鸢尾

黄花补血草

▲ 肉苁蓉

在梭梭周围，常能见到笔直的肉苁蓉，新疆人俗称"大芸"。它是一种寄生植物，主要寄主为梭梭和白梭梭。春末，肉苁蓉绽放着花朵，淡紫、淡黄、奶白，灿烂了荒凉的戈壁。肉苁蓉还是一味药材，药用为开花的全草，具有温肾壮阳、润肠通便、健脑安神之功效。因而，近几年新疆多地已采用人工种植法，将肉苁蓉与梭梭林套种，生态治理与经济效益兼得。

常与梭梭为邻的另一种高"颜值"植物当属红柳。红柳开花时很美，粉红或紫红，如火如荼，一处红柳丛就是一片粉色的烟霞。红柳又被称为"木之最艳者"，清代文学家纪晓岚将红柳开花的景象比作"绛霞"。神奇的是，红柳一年可以开两次花，而且花期很长，从5月一直盛放到9月。

▲ 红柳

正是有了这些生命力顽强的植物，动物才得以在广袤戈壁安家。戈壁中的动物都自带保护色，不易被发现。有掘洞而居的沙狐，喜欢吃昆虫的大耳猬，胆大顽皮的跳鼠，喜欢早晚出没晒太阳的多种蜥蜴，其中的长裸趾虎、奇台沙蜥、白条沙蜥、南疆沙蜥、叶城沙蜥均为新疆特有种……还有一种叫荒漠伯劳的鸟，贪食各种昆虫，兼食蜥蜴、小型鸟兽等，它的叫声多变、激昂有力，时常模仿其他鸟兽的叫声。

此外，戈壁亦是某些昆虫的天堂，有体色无限接近戈壁的蝼蛄、赭斑蝉、戈壁灰硕螽、荒漠竹节虫，而锥头螳螂在国内仅新疆的准噶尔盆地有分布。

戈壁植被

▲ 斑头雁

▲ 高山兀鹫

▲ 猎隼

▲ 毛腿沙鸡

▲ 石鸡

▲ 刺猬

▲ 旱獭

▲ 柯氏鼠兔

▲ 石貂

▲ 狼

 豺

🔺 赤狐

在准噶尔盆地东北缘的卡拉麦里，运气好的话，可以看见成群的蒙古野驴、鹅喉羚。普氏野马是这里的"大明星"，它是地球上存在的唯一野生马种，仅产于新疆卡拉麦里山、将军戈壁和蒙古国西部。百年前普氏野马被学者发现，曾轰动欧洲。后来野生普氏野马消失。20世纪80年代末以来，我国从欧洲引回新疆、甘肃半散放养殖，为野马重返大自然进行科学实验和研究工作。

　　另一种世界级珍兽便是野双峰驼，俗称野骆驼。野骆驼为新疆体型最大的荒漠动物，世界上仅分布于塔克拉玛干沙漠、罗布泊地区、阿尔金山北麓和中蒙边境的荒漠地带无人区，现存800只左右。野骆驼以梭梭、胡杨、沙拐枣等各种荒漠植物为食，警惕性非常高，一般造访者很难见到。

　　千百年来，于荒凉贫瘠的戈壁上，如果动植物也会说话，它们一定会道出自己的生存故事，那是太多与自然的博弈，那是它们用生命绽放的美丽，也是戈壁大漠生生不息的自然传奇。

🔺 普氏野马

🔺 野驴

苍茫
戈壁

▲ 野骆驼

▲ 藏羚羊